#1

				3					15		9		10		14
9			13	7			1				4	16			3
1	3	15	8		14	10	4							7	13
10			6	5						13		8		15	
3						6	15			12	11				8
	4		11	16		5	3	9		8	10	7			
16			14			4				11	7			13	
6	15		10		11			14				9	4	5	
	1	10		4	15	6					11		12	8	
		7	12	3	2		14			16				1	5
5		9						4	8	14	15				
2	13				16	7	11							9	10
7		4		13	6		10	16	9	3	1		8	12	
	16		1								6			10	
13			9		8	3					14		1		
		3	2			12		7	4						

#2

9			14	6					1			4			
	13		16	9		2									
		8	12				13								
7			4		8	11	5		15					6	
15		1			3	5		9	10					4	
	7	12							4	6	5			16	
14			5	15	10		4	3		2	12		6		1
	9	16			13	12	6	14			15	2		10	
5	14				11						10		7		
	11	9		13	14	15			5				3		4
		10			5		8				16			1	2
	4	6	8	2				15					16		5
		7							5	9					
11			14		2		1	7					10		9
12	5			3	7						14	1			16
	16		1				9						11		

#3

8		5	2	3	11	7		14	10	6			15	4	
							1	16			13	8	14		3
11		1		10	16	4				7				13	
	13			6	8	9				3	1				10
13				11		10			3	5				1	
		4				12				1				6	
				1		3		13	14		10		8	11	
5	12	3		9		6		7						10	16
									14	15	2	1	8		
2		8		16		10			6					3	
			3			1	6	11		13		7		15	
		11				2			7	4			12		
3		2		10	8		5	4				1			15
		9						8		2	3	10		12	
7	11	10		13		3	14			16	6		4		
	4		12		2	11	16	9		10				14	8

#4

	10		12	1			16			6			9	8	15
15	14				4	10					3			13	
4			6	11	8			1	15			10			
5	16		8			12		10	13	7				4	
1		3				6		8				16			
	2		15						16						
14			10		15	16		9	11	13					
		6	16	14	10				2	15		13		9	
2				10	1		7		3					16	
11	9				2					8		15	4	3	
6	8												13		9
									9	13		2	14		6
3				12	7	2		13		10				14	5
16			13		3			2			11	9			
		10		16			14	5				7		15	
8	15		11	9			10		1			16		2	

4

#5

	2	14		8										12	
5	8		4	1	9					7	6				
	6		15	2			8					11			
	9					4			3				1		
	7			5	2	9	3	1	16		13			15	12
		16	2		15	1	14						6		
		15						2	14		6		16	5	9
	13			16	6				15		8				
			13	10	5		7				16	11		8	
6		5			1				9	4		14	12		3
		1			12		6	13	3	8	2				15
2		8	11		3	4	9		6			16			7
	1				11	12					14	15		3	4
		7	9			5	10		8	12		2			
8		2				14	1	11					7		10
12	16		14			15	2		7		1			11	8

#6

12		16		14		3		15		10		1	5		2
	13		6	7				14	8	11	16	15			
15	10	2				11			12	1				7	4
	14		3	15	8	10	9					13		12	6
13	9			4			16	12			1	6			8
		1			7			9					4		12
		3				2	12		16	8		5	11	9	
		8		9	13						14				10
	6					15		1	7	14		11	12		16
				11	14	8							7		5
				12		9	7	6							
7			2			4		8	9			14		10	1
2			10			1	15	16			12	4			
		6			5	13		2	14	15			9	16	
			12			16		10						5	
	16											10	1	15	3

#7

7		10		1				4	13			16	12		
		5	1	10			6	15		7		4	8		
6	9		11	12		5			3		16	10		1	2
	14	4								1	5				
	6			16	7		3			5	2			10	
	11			8				3	7	10		6			
			2					6	4			15	14	5	
				6		2				1		12		13	
9					11		8								
		13				6			8	15	9			16	
2			12	9	1		16			6	4		3	14	
		16		5			14	1			3	12		6	13
	7				2	10						8	9		16
		9	3	5		1					10	13	15	7	8
11	3		7		8		12	9							4
5	8			16	9	12							6	3	

#8

			5		11			1		6					
	13			1	10				7			14	8	3	
	1	5				7		8	11		12	9	15	10	
14		8	10			15				12	11	5	1		
16				9	3			5				14			
				7		13	4			9	15	10		12	11
		3					2		6		10		13	4	
				1				13				3		9	15
6		9	7	8		15	1	12			14	5	4		
			15	14	6		12				5				
12		14					5		11		1			16	
	3		5		4			16	10				15	14	12
15			9	6			3		12		4	13	1		16
															14
		1	11		5	14				16					9
13	14	12		8	1	16				5		10	2		

#9

12			4	16							13	6			
	14	8	15		3		6				13			7	10
	6	5			7	14	4						4		
10				15	9			14	1				4		
	8				11			10		7					6
		14	8					5	15	12					
7		13		5		16		9				11			
	16			3	12				13			5			14
9	1		3	14								4	7	12	
13	3		11					12					5		16
	5	14	1	7	4				9				11		
11	2		7								14	10		9	
6		9	7		5							8	11	15	4
4									15		14				1
2	15			4	14	16			3	6	11		13		9
	10	16			11					12		13	9	7	3

#10

	13	7	8	2		3				12			4	6	
5				8	4	16	9	11	13		10			1	3
14	16	1	4		5			8		6		13			
			11		6	14		9	7					16	
	5	10	15	4	1					7		6		11	
		4	3	16					5		2	10			
			9		10				15		6		7		16
			6							11		4		3	
6	9				11	12		5		15			3	2	
	12	11	16	14	8	2	15	6	7				5		10
			5		3		4	14	11				13		
				9						10				7	
	11		1			4				8	15				
15		5		1	14					12			6	13	
8		16		3		9				11		2	14		
	6	9	7		15				1						

#11

8						7		9	14					2	
7	13		10	2	12		16	6			1		4	9	
9	2									16		7			8
4		16		11							7	6		1	
			16			3		2	4						
3			15	4				13		1		12			
				16		13			6	12					3
11	5	10			2					14			15	13	
14			7	1			12	10		2					15
16	12				2	14			15	5		11		6	
13	11		9		4		8		6		3		12	5	
10	4	15	2		3		6	7			9	14			1
	14	6			13		11			9			5		
2			4		14		7								6
		7	11		16			14			8				
				3	5		9		1	15		2			

#12

4	14		7			12			13	11		2	8		16
							2	12	16		9	7		11	
		8	11	9		15	16			3		5			1
			2		10	4			5			13	12	15	
				2	1	4									
7	11			14	8			16							3
9	1	14					5		2	8		11		7	
			8			12	13				5	15		14	
		6	15	4	12								13		5
	12							5			8			4	7
	3		5		9		6	4				10	16		
		4			5				9	2		12			
16	15		6			10	11	9	8		13		7		14
10				15				14	12	16					
5	8	2			1		13	7	6		10	3	15	9	11
	4					7							10	16	13

#13

	15	10		13	6		1		3	8	12				
	14	1	8	12	2						13				
				3			15	2	14				13	10	
2	4					9			15			12			
	8	5	6		9	2						13	14	1	
	16		15			6			2			12			
13			14			5	9						2		
12	11					4	8			6					5
				7	14			11	13	6	4			9	15
					15	10			16						
			13	11						7					
			2	6						12		4			7
8	13	11	4			7			6		16		5	12	9
	2		12	9	11	13							8	6	4
	7	6	5		16			4					1		13
			9	4	5		6		12			16		7	11

#14

	7				5		13	16				6	12		
15	5							6							
	12	6		16				11	4			7		3	
10		3			8		2						9	13	
		5		15		7				10		12	3	14	
		9		14				15	6				5		
					3	8			16	13			6		
	10		15	6			11	9							1
			4	10					2	9		8			
11		7	10			12		8	13		15	1	2	5	
1		12		8		11				14		4			
	3		8				15					10		12	
3									2	5					
		10					4				16	9			2
	11		9			14	5	4					1		12
	14	13		2	11			10	3		9		8	4	

#15

				16	3			9					1		
6			1	7		11	9		13						
		11		1			7					12			
	7		2		15	4			1			13	6		
11					10			5	13	2	1	12	9		
									4	15		6	10		8
	14	2		9			16		6	12	7			15	4
13	5	9	6		3		12	10			16		2		
				13	9					4				12	
12				5	8				10	11				7	15
		5	2	1					16	6			14	4	
1		14	9		15	2		12	7				8		
15				10		13			14	16			7		9
				3	11	14			1	8			16		12
					4				9		6				
		14		16	2		15		7	10					

#16

3				8	15			14	2						
		4		14											3
		13			10	3	5		4	7	11	16			
	8	12			13				15					5	14
10	15				14	12			16	8	2		6		5
		8	1		2		3	15				10	9	14	
5	13					10	7			14			16	11	
									6		5	2			15
	1		8		3				2		12				
			6				16	10		4		14	5		
		10					8				13				
	12		11	1	4	5	2				6	9		8	10
1		7	16		11			2	10				8	15	
	4	6		7				1							2
12		11		2				8	6			3			16
8			13				12		9		15				

#17

	15		6		8			3				2	12		
	13	8		7		11	9			4	15		5		
					16	15			2	9	1			10	
	16		11											4	
			3	15		5	13				7			8	12
16		4	12	14	7	3	11				9				
	1		2					15	4		13				5
	14			1		8	2	10		5			16		11
	8	15		2			4		11			10			9
6	2		9	11			1	7	13		5	14			
	12	10			3	13		4	6			16			2
	11	3		8		7									
				11		7		15	6						
	7			5	14							9		15	
				9				7	3					13	1
				15									2		

#18

7	11			5			15	8	10	9	13		3	14	1
			5	11	10	16		3	14	6	7				4
			13							4	16		6	5	11
								12		1				15	10
	12		16	14					4		2				8
6				10	11								16		9
		9	14	12	2	7	6	15			1			11	
4				16	1	15			6						
	15	10	4	8						7	14				
				15			2			8	9				
1		3	12			9	4		16		15				7
9		14				11			2	12			13	16	
14	1			6	4	12	10		9	5		2			
12	4				8		16	14				11	15		
10								6		8		1			14
			11	3				1					4		16

#19

	9	8	4	2		11	1	14	12		16		5		6
												9		16	
		10					11			2			8	1	
	16	6	7			5			15	1			2	10	11
9	13				4			7			10	5	16	15	
16			2	15				1				4	13	12	
										6					1
		15			5			2	9	13		7			
					3	16	10	1	7			8			13
				10	4										
14			6	11		9					4	1		7	
2	10	7		14	5								4	6	
10			16						3		15	12		8	2
7		13	12		9			5						4	
			14					2	8			13			9
	5				8		14					10	15	3	

#20

8	2		9	16			10		14		15		12		
10		11		13	9			3	8	12	5	2	1		
				8					6	7			10	5	9
			3				12		9	15					
	1	12		9	16			15	2	10			13	7	
9		6			3			5	1		13	8			
		15	13				2			9		16		11	1
2			14	12	5			6		4		10			
15	5	1			13	8			12		16	7		9	
	14		2		1			4				12			
		8	12	2		6			5		9			3	
	4	3	10			7									
	2				1			10	13		11		16		
4		10						11	16						8
13	11	14		10			16	9	7	3	15	5	6		
									4	5				10	2

#21

8			15				3								
15	4		3					7	2		14				10
				4	8		13		14		11		1	6	3
	6	14	5			3	12		8	1			2	13	
	6		14			4			15						
							14		13	3		8		12	1
	3			14	13	12	1		5	16		2			
2		1	12	10	5		8	11	6	9	7	13		3	4
1				11		13	2	12							
				16	14	8	15	7	4						5
	7	16			4				9				12		
	14			12		6		8	11	5			15	7	
					11		9		12			6		10	
		3	9		16		2	7	15					14	8
	8			13	15	14	10		16	11	5		3		
11	2	15	10					3				7			

#22

11	9	12		7	6	13			8			2			
2						5	3	11		16		6	12		
14	8	1			16		15				9		5	4	
	4	10		1	14		2		13	6			15	11	
5	6				8		13	1	3	4			14		
1		14						8		15			13		
		13		10	5					11	3			12	
9				14		7			16	10	6	1			
10	1		8	5	15			4	9	14		3			
	7		4		2			6		13		5	14		
	2		9	8				11	12		5	15	10		
				6		9									
7	3		1			4		10							
6	12	11				1		5			4				2
16	15							1	6					7	
		9		13	10	6		7			12	4		1	3

#23

		1	9	16	3	14	13	12				10			
16			13					14	9				1	3	
		5	10	6	4			13		11				14	
	14	7			12			2	10	1				6	
				5	11	16	4	9							1
11	1	3		10				4				2	16	5	13
6			7	3	8	13	2	5	10		11				
	5				12				6	13		8		10	3
	9		12	13		6			7			5			10
	8	13	6		16	4			5	14			2	1	
2		10		1			5		12					13	
				10	2			1	9	15		3	12	7	6
13		4			1			8				6			
9		11		4	6			2							
12			3	7						6					
14	6	8						10		4			15		

#24

			14	15				4			7	3			
						14		3			1	4			
7		15	12				1	8	6		10	16			
	3						10	16	12	14					
5		1				13						15	10		9
	12	11	10	4		15	14	3			7	13			
							5	1			13			7	6
					9				15	5			16		
		6	16	8	15	10									12
2	10							9	16	4	3	6	8		15
		9	13	16		7	15	10		3	11		4		
				9	5	4	6	13	8	12					
3			15	9			8	13	5		16	6		14	
	16	7		10			13					8		15	11
		10	5					9		3	11	4	16		
14		4	1	16	5	11	15	12	7				9		3

#25

		4		1	12					6	10			15	14
	5	2		14	10	13			12					3	
														13	2
	10	9	1		7		15	13				8		12	
7	4	5				11	10		8	13		12			
								10	7			6		8	
	6						5				16	7	11		10
	12	16	2		8	4			11				3		
				8					3		13		5		
	7				14			16	15	9					
					4		13	11					15		6
			13		5		3			6	12		7	10	
			8	4	1	9		5	6		7		12	11	
9			6			5		15		2		1			
5				16			8	3		12	11	4		6	
					3								8		

#26

						6		5		15	1				
		5		3	6	12	7			16	14		8		
6	4	3	10	9	2	8			1	5					
	16		7		1								4		
	8		16		5		11	1		4					2
11			14	3	9				15		5		10		
		9	3		12				8	14	4				
	5	7	2		13	4		11				8		6	14
4	10	11			6			8	12			14	7		
	1				4			10		7					
		6							1		4			16	10
7		16	12	13	11	10		5	6	15			9		4
	9		2		11	10			14	6		1	13		16
12		10	4			6		13			11		8	5	
	7	13	4			9		5				11			
14					16	5			9	1				3	

26

#27

		11		9		2	16	6		8	13				
2							5			1					12
	4			12				9			5	16			1
			9				7		3			15	8		11
11	15		12			16		7			6				10
		14	1					12		16			4		
				4	2	14					11		15		16
16					13	7			14			6	11	1	
	12						15								
		15	11	1		10	6	13		7	12			16	4
	16		4	2	14		9					11	12		
9	10								6		14		2		
	9		6	14	15				11	12				10	7
	11	12						4			2	5		13	14
13				12		2								11	
3	2							13	14			1			

#28

					5	2		11				8			
		14	10	4	8	6		7			12				
	1						4		10		5			13	
		10	3		9	13		14	8		6				
			2	6	11			3			8			10	
	3	13			15			14			16	12	11		9
		4			2				13	6					
		8	9		12						10				1
	14				9				4		15		7		
	6				12	5		9	13	8	3	10	11		
8			15	4		16									2
			4	3	8	15		5	7		1		16		
16		1	11				4	12			14	13		10	5
	9				5	14							2	1	
			6						3	4	7			12	15
4				1						2				3	

#29

		6	10			14		16					2		
14					4			13				12			1
			1			12		6	3	11			14		5
	16		13	10		11		7					4		
				3	5		13	14	1	7	2	9			8
16				15	10	1			9				12	5	
		10		7					4				1		16
		1		9			2			16			13	7	4
4				1		10			7	15					12
10						15			3					13	
		7			12	6		13	10				8		15
	8	6				7					9				
			12			15	3			6	7		16	4	13
		16				3			8				5		
					1		16			4	10		9		
		12	3	4	14		10	16			13		6		

#30

1	2	3	4	5	6	7	8	9	10	11	12	13	14	15	16
1				15	16	14					5	8	3		
2				10				11					6	12	
10									13						
		12	15	7		6	3		14					1	10
	12		3	9			11	14							8
16	9	1		6		15							11	14	5
11				8		16	12				3	10	4		13
			6	13		4						3		9	
		8		4	7		5			1					15
14	1	11	16		10							6	13		
	5				12	8		10	13						
	4	3		1			6		8		16				
13			12		8		9	3	4		2				
			1	3	6	2	4						14	13	
6			4			10	1	13		16		9			
3		16			13	11		5				4		10	

#31

		16	7		10		12	13	5		3	15	11		
12		10	8	16		15		11	2		6	14	1		3
11	15	4			5	14		1	16						
		13									15		9		
		11					7	2		1		13	12	8	
		12	3			9								14	16
6	1	2	16			14				13			5		7
	7	5				10			16	14					
5				10			2								
				4			9	5	6		2		8	15	
			14		6		5	16					4		
2	4				15			10	14						6
8		9		2			15	12			16		7		
		1			7			3		10					
	13	14	10			1			7	2	4				9
	2			12				14	13			16	15	10	1

#32

11			5	2	16			1							
				9				8		5					
10			4			5		12		6		11		2	
	7	6		11		10		16				8			9
						8		15	5	13	7	4		10	
	9		10		5				16		3	15	12		11
	1		16	10		14		11				5			
7			14												
		16		14				12	15	6			7	9	5
15						2			14	7		6			
		10		16			15	3		2		12		1	
2				4					8				3	14	
	6	4	2	12	14	16	10								
1	16				3				7						
	11		12		7	1		6		15		3			
			3		2		11	1	9	12			8	13	6

#33

				12			9	15		2	7				
		15				7		3	12	10		13			
7			10	4	15		14								2
		1					10	4				15			
			7			4			10					13	
		9		3	13	1			2	15				14	
4	2	3	11				5						15	1	16
14	15	13	1				6	8	16			3		2	7
1	4		15	2		13	3				12				
11			3			15								12	1
10	8					11		9	4	3	1	2			
		2	6		9		1					7			11
12		10		5	9				8			14			4
15	16			14	3				13	9					5
		11	14		8			6	1	4		9			3
		6		2		4		5		7	14			8	13

#34

	7	4	2		11					13	15			10	3
11				1	6				16				12		2
						12	10	7							13
1			12	13		15			11		5	4	16		
		9						11	2	10		8	13	5	14
	4	14	8						15	5			7	6	
7	15				16			13				2			1
2		12	13			5	6			14		8	15		11
		15				11	2	1						14	
13	9	2	1	5			14				11	7	3	4	12
	5			15			16	3	8		9				6
		11		12								13			
	12		7		15			8	5	1	13	3			
15		1					8			7		14			
5	2		4		7		13					1		12	
6		13	9		5	1	10	4	12						

#35

3				10	9	6			14			1	8		
2			1			11					7	16		4	
						7						6	12		3
				3			12	9			8		2		13
1		11			16										
			9		12			6		16					8
	5				3	15			9			13			
6		4	8	5						12	15	2	3	7	14
9				4			11	16					15		
	10			15			7					8			
5			11	9			8		15			14	6	13	
4	8	15					6						9	2	
		10	11		14	9	5		7						
			5	16	6	4		15	10			12	14		11
11				13		7	2				9				
	2			8	10		5			11		4	7		

#36

	8					9	7	1	6			16		
									8						
		16		1		12	8	13	11	10	9	5		4	
6	11		3		14	13		5			2	10			8
	16	15			13			12		4	8			5	2
			6			7		2		15		1		10	14
10		7		14					9			13		16	4
9	1			16			4		5			11			
13	3	14		7	6			16		1		4			
			16		8		12	4		11	3		5		
			4	3		11	8					16		14	9
11			1									8	3	7	
		3		8				6		1	10				
1			12			14	16	8					6	13	
15				6				2		12		14			5
						15	14		7			3	10	9	

#37

4	6		16		1							13		10	9
		9				6	12		13	10			16	4	3
	3		1	7			10		8	16		15		5	
				3			16			15	1				6
			9			13									1
		2	15		9		4	6			14	12		13	
	7			16	6	12	2	3							
	13				5					9	2	10			16
2	12				11		1				15		9		
15		7	13			16		8	6		11	4			2
	1	3		12						2	4	5			13
						13			1		12		3		8
	9						7		1	8					15
	8				10	9		15	5						14
1		5	14		8						13	7		9	
		13	6					2		4			10		5

#38

	3			11	10		1		6		15	9		2	13
			6						4			10			8
			8							9		1		7	
		15		7			8	13	10		3	14			
14			5	1	3			2		7	8			15	
13								4		5		8			2
	12	2		9				3		15	13			1	5
1	4					5						16	7	12	3
	2			10			13	12	5		4				1
									9	15		5			
			13	6	16		14					7	4		
10		9		4		1	15				7	3		11	6
5	10	8	11			3		15	7		2				14
12		4			15	11	7							3	10
			7	2		13		5			12	11	16		15
					4		9				6		2		

#39

11	7	5			3	13			8		1	14		12	
		12		6	9				13		5				
	3			12	4						16	15	1		2
8	10						1	9						13	
		13		10					5			7			11
16				7			4			8	14				
		14		11	5				3		6	8			
10		7		8		15	14		2				3	6	
	13	1	5	2		9					8	7			4
		3							9						
2	16	7						5	14					15	
5					10				1	13		11			14
1				12	14			7	10		15				
	8			1	6	4		14		13			12	5	
6			5			7		4		2	12				3
12		11						8					2		

#40

	14		1			15		3			2				
		15	3				13	2		9					
		2	9		16	3	14		12		7		4		
				9		13				1					
				5		7		6	4					11	
1						13	7	14	16	3		10			4
	8		11		14		2								7
	16			9	12				5	11		15			
	6			2		9	15	16							
				12	13		6	5				4		7	16
7		8		11		16			4	2					15
										13	8				
			13	8				1		10		15		16	
		5			15	4	11	3	12			1			2
9			2				10	4			7	13	8	3	
8			6				1	11		13			7		

#41

8				5		14	11	7			16		12		
10		16	6	9			1	11	15	2	5			7	
	7				16			3	9				15		
				15	13			14		6	8	16		9	3
	16	6	15	8		4		13				10	2		
			10	2						12				3	11
14		7								10					
		2	12	13		11					4			6	7
	11			3	5				14	16	7		10		
	9	3			2	7		5		15		11			
6				1		16		9			13	7		2	
		15				12				1	3		9		5
			16			13		4		8		1	11		9
12	2		14				3							15	8
9		5	4		11	8	15	10			1		14		
7		1			9			12	3	14	15	4			10

#42

16			4	2		11			1	5			9	10	
	8					9	5					14			
		14				16	1			9	6		3	2	
11	1		2		8						3		15		
			1	10		12	16			6		2			14
12				15		2	4			14					
						1	13	16		8	4		5		
13		4		11		8					5	16			
	13			5		10	11		16	15	14				
3			8		16	4	7	9	6		13				
6	10		16	9		14	15	7	5	3		11			
		7			13	3	2								
9		8				15			2	7	16	1			
			10	16					11	13	15	8		5	12
				6		13		5							7
	2		13	1		5	8	3			12				

#43

5		16		6				2	15	12	9		11		
13		2		5		10		6	8	7		3			16
7		14			3					1	10	5			4
			10	15		2			3					12	
	15	12								1					
10	2				8	7	3	16		11				9	15
9				10	16				6				7		
		3	14	2	15		12			9	13		5	10	
		7	13	1	2	15		4						5	
14		8	2	7		3		12	11	5		15			9
			12		4	16	9		14	6	2		10	7	1
				8	12		5					13			
2	14	15					7								3
12		4		3				9					13	15	
3		10	7		11				12		14	1			6
				16		13	15						12	14	

#44

4		1			9	6				3	12			2	15
16		8									9	1			
12	11			10		1		4	14	15		9	13	5	
	9					15	4			1	16			6	
			4	9			6				1	7		3	
5		16	2										15	10	
	3				12	4		16	8		13	2			9
	12	6	9	14	16					2			8		
				4	7	9		2	5	14		13			10
13	7							6	4			15			
8		4	14			11	2		13		10	3	12		
		9	11		13	5									7
9					11	3						14	10		1
				4		16	12	11	1	7	2	5			
		11		13	7			10		4					2
6			5		10		1	14				16		/	

44

#45

				4		12		3			13				
	7			16	11									6	2
		8	11	1	13	3	2		6				12		9
	1	4		10						7				8	5
3								4		5	1				
		2					11	10			9	6			
		6					3	11						14	
				4	6		9	15	2		3				
	5		1	13	11		12		15		8	14		3	
			7				8	3	9	13	12	16	4	1	
2					7	15			16	4	11				
		16	13			1			5			2	15		
	2					5		13		11	6	12		4	
			14	12					4		1	15	10	11	
11	6				10		16					5	2		
5			12				7	8			2	13			

#46

			12									14		3	
3					5	16	10		9	14					
				8	15	14	12		1	11	5		2	6	
	1			13		3		16							4
		4				13			14						7
10				12	2				7	13		5			
15		8		14		4			12		3	13			
			6							16			4	14	3
						8		5				3		12	
		1							16			4		7	9
5				9		6	2		13	10		15	1		8
	8			10					12	6		11			
	6		10		7			11	15						14
8				16		10			14	4			7	9	12
11			13		8				9		7	10			6
		9	14				5		10		12	16	11		

#47

10			2			4									7
	4	16			12	5			14		2	3			
7	6		3				4		13			5	1		
			11			8	1	6							2
				14		11	16	3		12	4				
11		4			5	13				15	14	2	9	12	3
15		12		9			2	5	13	8					11
			15			12	9						16		
	13	1	6								7	11	12	5	
4			7			12		14	2			1	9	15	
			9	13				12				10	3		
			5								9			8	14
	14		12		1			7	4						5
				15				5	1					3	
		8	5			11		15				12			
	5			6	16		13		11	9		14			10

#48

10		14										7			
		15	12		11							8	6	3	
			11	7	15	14	12			6			13	5	
			4	9				16	15		12				
4	12		15		14						11		7		6
		5		6	12			9	4			16		13	8
	9		8		10	2	4	13	3	7	6	15	11	12	
6	14			15	9	7			8				3		1
	6	9	16	2	3			14		10			8	15	7
14	15	10		16	13		7		9				2		
										3					
				4		9		6			15	14			
				11	8	3	9			4		6			
		6			2			7				3		1	
	16	2		14	7	1									10
		7	14							8			5		9

#49

5	3			10	14					15		9		12	
1	16	14						2			12	10	13		
		10	11				5	8			7		15	4	
7	2	15			12			10	5			11	16	6	
	14		7			8			16		13		1		
	8						14	7				13	11		15
		13	1			2	15			3				14	8
10			15	13	9		3			14	8	2	4	5	16
				6		4		9				8	5	11	1
		1			5			4							13
			5			2				1				12	7
	13			14							5	6	2	16	
14		9	10	2		12	7				11				4
12				3		14	9	6		10			8	13	
8	5	6	13		1								12		
			16	15						8					2

#50

	12			7	16				10	15	1	13	14		
			16		12	14			3				7		11
8					13					12	16	2			
11		10	1	4		15					2				
14		16		2			13	12			3		10		1
6		12	10			5	4		8	15				13	7
4				10		7		16	6		5			8	12
	1				14				2			4		3	
	15			13							4	12	5	1	
	6	13			2		15			9			3	7	4
			5	9				1	15			8			
1	16	7	11									13	15	9	
7	5			12	1	13				6	9				
	3		13	6	7				14		10	5		12	
12	10		14	3	9	4						6			
		1	6		10			3					8	4	

#51

	9	2		3	16					11					5
		3		11			4			7	1				2
			12		15	2			8		10				
4	6	14	5	1	2		7			3			13		
	11			10			15		12	5				2	
		12		7		2		16			11	8	5		
6	13		1					8	2				3		
2	15		14	12		1	8	6				3			
16			4	14	12	7				9	6	2			
	10	8				4						5	1	12	
			2		5		12			13		10			
12			15		10			3	14	1		7	16	8	
	12		16	5		11	14		3						
14			11		7			5		6		12	15		10
		7			1				15	12		4			
10	2			6	15		8	7				5	11	9	

#52

	16	9	3					14	4						
	6			14	11		9		10		3			13	
	1				10			13	16						
		14	11	12					15			1	4	7	
3						14	5			16	9				
	5	16		7				6	3	10	1		14		
	12		7						2						3
				5	6		4	8	1		13		7		
11			5		6			2	8		16				
	8	4	16		11	7	12	15	5	3					9
	2				14			10	11	13		8	5		
	9						1			4					
14					2		11								16
13			6	16		10			8				9		
8	3	5		9		16	4				15				
16		15	9	8	12	7	5								10

#53

13	3				2	11				16	5			12	
5	6		14	7			1	10				8			
		4						1	2			16			5
	16					4			15				1		14
6	9		15		1	13						11			
	1		10		4	6	5	13	16			7			
		14				12		6				13	3		
11		13		16	3	10	7				9				
	5	6		2			10						12		
			3					16	4	12					13
4	15		13		5							1	16	6	9
	14		1		13				9						
15	4			11	16				7			5	10	14	
	13	5		1	7			15						16	8
		16		5				4		1	12				
	10		6	13	15			11			16	12			

#54

			16				10		3	11		14			
10						11							6		
			12	10	2	6			9		4				5
			3		1	9	12	13	2	14					15
9				13			15					11			
		3	2					7		16			6		
			16		8	1				2	12				10
13		6				16	2	3						1	
	2				11	5		15	4	9	13		12		
		14		15	13			6		8					4
	13	5	8	7			4			1					
		15	4	14			10				5	13	2	11	
	6		7		16	13	1			15			5		
		1		9	3	10		2	16			6			
2	16				12	11	14							15	1
	3			2			7	12	6		1	14	9		

#55

2	12			6	4			8			7			10	
7		5			9					3		15	4	6	
						2			6	16		5			
					10	3					14	8			16
1	11								12			6			
16	7			10	6			15							2
	3			5			11				1			12	13
	9	2			12			7		11	5	4	15	1	10
12				8				6				13	15	5	
	9	4			11			2		13	15		6	7	1
	11			12			7	5	16		9		4	3	
				2		6					4				
4			1	7				3					11	15	
				11		4		5	7	10	3				
	8											12			
	1			14		8		11	2	4			13		

#56

6		11	13	10				12		5	8	15	14	4	
14		1	2		9			3						7	8
		7		1			15		4	2	9	11			
12	16	15							11	14				2	
	13	8	12	14		1			15						
			4										11	15	
			9	2		12		8							
			14		11	5		10		13		12	4		
15					3				8	6				14	11
		13	3	11		8		4			2			5	
	8	14	7	15		16	4	5	9	11	12				13
	5		11						3		7		2		16
															6
13	14	4			6				7			1			9
9		3		2	15	8		13		1	10				4
			1					6				14		3	

#58

				9		1	11	6		5		10			
1	4			5					15			16			
					8	4		16	3						
7	8		16		2			4							
		4					1	2							8
	5				6	9						12	10		
	16	12	15					7	5						6
	6		3				12	10			16		14	7	
			6			13									7
	16	4	1		3				9	7	2	13			14
6		13		4		7	2			14		10	8	16	12
3	2						11			8	15	6		9	
	12		14	3			15	10		9			7		4
		10	6	1	4			15	3			14			
				9			16					6		1	
4	13	9	15			12					1	14	3		16

#57

11		6	13		2			4		5					14
1				11	3	10	8					4	13	2	
	2	12		6			14	11				15			
7		3			5			15	2		14				10
15			10	14	13								4	9	6
					4	11			7		2	8		10	13
8	16		4	9		2				12	7		11		
	11	9			8	15			4			14			3
4			6			7				5	16		15		
	7				13				12		1	5		3	
	13				16			8		10	15			7	
	5	15		1		3	2				11			14	
		16			8				2	7			9		5
13				15		6			3	5		1	14		
		15					3		8	10		11			
3			1					9	16	6				13	15

#59

	6			3			2		8			11	14	12	10
	14	16		12			5		3				13	2	
8	3	7			15	13		14			12		16		4
11			15	7				2			6		9		8
			4							10		7			
6			8	15					11	2		14			
10	13	3				1		5						8	6
7						2		3			8	13			
12			3			6		13		7	2		11		15
	11		9	8	13		10		4		5				16
13		6	14			16	1		12	9		10			
4	7				12		15			3		8		13	
				2	9			5	6					15	
	9								8	1		12	3	7	14
			7	1			4		13		9			6	11
				13	8			4	7	14	11		1	16	

#60

	16	15				6	13	4	8		10	1	7
	2	8		3	4		12		1		5	15	
				14	1	15		10	7		9	13	
6						13		2	5	9			
	4	7			13		12			5			9	1
2	14	6			10	5			1	16	7		8	
	15		7	6	9		4		2	10	5		16	
			12		14	1		7			11		6	
11					12			1	6		15		10	8
14				1		3			16			7		12
4				10	7							1		2
			5		6				15			14		
	3		16				5		12					9
5		1			15		9			13				
10		9					13							
			1		11			3	15		6			

#61

3		11		7	4	16	15	10			8		13	1	
16			4	15		1		11	3		9	7			
1		12		6	10							2		14	
					14		3		12			11		9	4
		14	15		3	6	4		7						
7		16	1						5	4				8	10
			6				8			10					
8	5						1		6				9	15	
	1	15		4					2	11		13		16	
4	8				11		7		16	3	5	12		2	15
		7		3	9		10	12		15				11	
							2		14		7	10		3	
			2		10	15			12	4		9	11	6	
	13	8	7		16		5				3		4		14
		1			4				9				2	7	
15	4			14		13	7							12	

#62

11	7					4						6			
			16	6		15	7	12			2		9		
5	15	12												8	13
2			6						11			12	4	7	3
	5	3		4	16			1	8			9			14
8		2	4		1		12		10						
		10	9	14		13		5	2			4			8
13				8	10		5		14		4	7	12		2
	6					14	2		15	7		3	8		
		9						11		12				6	
1			2		15				13			16	11		9
15				11			3	1			8			14	
			10		5		13		12	2		11	16		15
	1										13		10	2	
	2		13		8		6		15			14			
	12	16		15		14				4		1			

#63

								13	3	14	10		1		
	11	12	7	15		1	4		8	6	16	3	14		
	16							12		1				9	
3	14	1	8		5	12	9			11	4	6			16
5					16		7						9	15	
14	13	16							7		2	11		4	
15	2	6	9		13		5		8	11			7		1
			1		12	9	11	3			6				14
16	12				9			7			5		4	8	
1										3	12		11		
	7		4		15				11				2	16	
9	6	11		7		16	2			10	15	14	13	12	5
		15	13			14		6				5			
		8	16				13	2					12		7
		10			11	2		1							
	1				5			11	9	4		16			

#64

13	8				4		12	5		15					3
				8	15		6		4				1		5
				7		11			1						
	12	9			5		1	3		14	11		6		8
	5	10	15	1					7			8	2		
			1					14				4	16		
4	11				16		15	2	8					1	
		2					9	1			13	6	3	5	
8	6	4			3	1		15			14		9	13	
	9			6		15						3	12		
16			12	14		9	5	7					15		6
15		13			12	4	16	6	9	8	5	11	10	14	
			11		1		8		14	4	7		5		13
		12	5				4	16		1		7		2	9
				16	2		11	10	6					3	1
1			13		9						15				

#65

				1	9			5			16	2	3	10	
9				16	6			12	13	1					
	5	16				10	14						13	1	
	14		1	4	5					3					
			12		2			9		15		8	10		
1					3	6			2	13	11	9	16	12	
10		8					5	14			3	15			11
16	11	2				13	10		12						
5			10		4			3	8		6		9	15	
	7				1		2					10	4	6	
6		9		8	7		15	11		10				2	
3	2	15	4	10	12				7		1	13			
		1							16	5				13	
	8		3			1		13		4			14		
14				2						7	12			16	
7		4	16	6	10	8	12	1		9			15		

#66

					10		5		4	7				2	12
	4			1	13	2	6								
			12		15	14		11		16				3	
2	6	15	3				7	10					4		1
			15		5	9					3		2		13
5		12		10	11				16					7	
10	3	2					14	12	9		6				11
	8		4	2			13				10		12		9
		13	8	3		12	10						11	16	
6			5	9		8		13		15	11		14		
12		14		6			5	16			9		8	15	
3	10				13		11		7		8				
8				12		1	15		4						
4	2	5			3		8	1			12			9	
					9		16	7				12		11	
9		11				2				8	16	14	1		

#67

4	9			3				13	10	16	8			5	12
16								1				8		7	
12			8		16				7	11	14	4			
	7	15			2		8		5				10	16	1
14		6		7			16				11				4
					11				7					15	
	10			6			2		4					12	7
		11													
	8		1			7			15		6			3	
		4		15	5	2	3		11	8			7	1	
		3	6		1	8									
2													12		16
	1		9	12	13				14						
	2			1	4			8	3	10					
	6		10		14		15	9		1	5		13		
3		5	4	8		10		15		13	2	12			6

#68

						16	15	8		4			14		10
					3	4		7				16			
		16					12	3				5		2	
4	7		14	5		10	8			16			12	3	
		13	1						10		5				
16	14	5	10	15			13			3	8				
12			9	6		16					15			8	3
		11		7					2	9	12	13		5	16
	3							11			16	4	10		
11		9	7			6	12		15						13
5		14			4		3		13						
2					1			14		7					
				16	5				4	10	7	3			11
			5	3					13			6		16	7
			3	9				8	16		14		4		
				10					12	6	3				

#69

	4		12	2		1	9	3			16	14				
11			5	6					9				1	14	16	
10			9										12			
8		16	1		4	15			12	10						
	11			5	14	1			15				3		13	
15				4	2	9	13		6		11			16		
		14			3	15							9		11	
	8			10			16					1		4		2
4	9	1	11	7	14											10
	12			11							4	6				
				15		16	5		11	1		9			2	
6						4	3				13	12	14	15		
			4	13		8			1					7	3	
1		10				3								12		
9	3					15				7		11				
5	15	11				9				8		3	6		10	

#70

				13	4		16	10		15			2		
13		9		15					4			7	10	16	
		15		1			16	5					13		
	16						2	9		14	6				
			6	10	8	15		2				16	3		9
					9				16		1	7	14		15
4	8	12		7			1		9	3	14				2
		14		4	3	2				6	11	12			
11	7	10	3		12		15	1	5		13		4		
		13	5	14	9				11			1			
		6		11		13				16			5		7
14	9	2				1	10	6	4	7	8	13			11
							11	6							
	3	16		2		14		4			12			9	
9					7	12					5		2		4
8		5		15			6	14	2	10				16	

#71

12	2			9	6		4	3	15		8			11	
15						14			1			6	8		
	5		8	16	1	2							13		
4			1			7		12			16	2	15		9
1			10	14					5		2		6	3	
		8	13	1		11		6	3					1	
		7			13			15	8	16	10	11		1	
					12									9	5
	16		11	13		6			12				4		15
6	7		2	12			9	4						13	8
					8			14			15			6	
											13		9	5	12
			7		10				16		11	3	5		
			3	8		16	1		14	15		4		7	
11	1														
9			6		4		11		13		3	14	1	8	16

#72

			2									1		10	
2			9		5	8	3				1	7			13
	7	6		16					14		15	4		9	3
		15		1									12	11	
15				9		10				12	16				5
6	5		10					8	3						12
7		12	13	5				6			9		4	16	
1			2					11				13		6	
	2	8		3		11	16			13			14		
11			16	8	14		12				5		7	3	9
	15		7			6		2					13		16
3	14			15			5	16				10	2		
13		7					15	14	8		10			5	
						1		15	13		11	2	14		
		2				8			7	5	12				15
					9			1		3	2				

#73

4	9			16	2							5		8	
					15	6	8					1		4	
10			16				4		15	8				3	
	5	1	3				14						9		15
6			15			3		11		1			8	10	
	16						9	13		6	2	11		15	5
11		9	5							3		7			
	14		2		11		5			15					
9				4	8	5		10	12		15		2		3
		7		1		11		16	5	2	6				
			13	15	14	7	6	3	11			8			
		3					13			7	8	16	11		
15	3	4		8		16		2				13			
				13	3	12						2		11	6
		2		5			11	15	13						8
13				9	6	15		5	7						4

#74

	3		16		6			12			4		10		
			14	16		15		1					12	9	
	2	6	12			1		8			9			4	
	13				10		14				16	15	1	7	
		3							2	14	6			10	1
	10		9		16	2	3	7	6		12		15		
				4				9	10			7	3		
				10		7	15	3	13	16	5				
	8				10	4		16	9		15		11		3
		14							3					6	
3			15	2			6		7						
		12					9	13		8	6	10			
5		16	1	12		8		2			3		6		10
				6	2	5			12	9	7		8		4
	12				3		13			15		5		1	
4			6	15		16						12	13		

#75

8		15	12		2		1				6				
		2		3		14						11	6		
	6		9		15				8			12	3		
	5	14			16	6	12	15	3	1	2		13	10	
3		13	16			6			12						1
6	1				12			9	15		13			11	
	9	4	15		11						5	16			12
2			11		9			6	4	3		15			
	8	5	1			15		12				13			10
10				4		9		11	15						2
	11		15	10				6	14			1	5		
12	9			13	14		7	5			3	4	15		11
9										10		11	5		
	4		3		13			2	9						8
15	2	16	8	6					1				10	13	
		11	6	7		10	5		8	13		3			

#76

14			6		12		5	13	10			2		4	16
3			9	10			16	6	12	15				5	7
	4			6			11		7	1	16	9			14
10			7		4	13	8	14		2	5		6		15
	3				9			7	5	8			2		6
	10	16	5	12			3					7			
12		13		11	7	8				9					10
9	6		2				14	3		12					
	11			14	3					13					
	2	10									7	6	9		3
		15	12									14	7		8
			3			6		15		10	14				
6	5		1				13		2	7		8			11
15	12		10		11				16				1	2	
	13							5	1	6	11		14		
			11						15		8	13	4	6	

#77

	4			2	7	13		12					11		5
2				3					6			14			
		7	12		16				2		4				1
				12	9	1		7	14	15					
		2	6	15	14	16	1			7			8	11	
16					5	6						7	10		12
5		8			11							16	14		
	15	3			2		7	16	11	13		1			6
	3	16	7						5			15		6	
1															8
9		5	2	6			14	3		8	1			13	
8				11	1			15			16			4	2
10		15			8							4	5		7
				16		5									
		4		7	3	14	15	2	16	5		9	6	10	
7	8		5			4	11	13	15			3			

#78

13	1	5	12	11			6	16	4	8		3			
8			6			2		5	9	15				1	7
3		9	16		5			7			10				
	7	15	10	13	14	9		3					5		
15				7				8	4						
	2		9			13	5					15	12		
		3	5	1						15		6		7	9
				15	2		11			12	5	14			3
16				12						11	1				
		2		9	15		10	4		13		1			
4					8	2							10	14	
1	14		13				3								
12		7	2				13		1						16
10	6	4	15					14	11		12	7	13		
14				10			15		6	4					2
	5					12		2		10	16				6

#79

13		5			1		14		4	7	16		10		
					11					1				14	
	7	9				13		2						5	
4		11		9	7	15	5	12					13	2	
						3				15		13	16		
		3	7	5			15			4	10				
8	4	16			13	10		1							
11	12		10		9	1	4		2	13	8	14			5
	11	14			4		13		15		2	5			
	13	12		1		7			6	10					
1	10	6		15				3	16						
				6	3		9		1	11	12	10	15		13
15								14			1	4			
10	6	2		7		8				5					
		4		11		9	3					15			1
	1		14		15		12	13	11	16				8	

#80

		15	12				11	13					3	8	
8	14					7	6		16		12	10		11	
	3		16	11						10					
11	5						8	14	7		6				
		7			12	13	16		11				15		4
		12	13	5		1			3	16			7		
10	11	16	15			2			9			12	5		
14					11	10			15				13		
		10	11		6	8	2	5	7	14					16
			14			3	11	16	12			13		5	
	13		6		15		9	1		2				1	
16	2			13		12			6	15	9			1	
5		1	3			16	12	10	8					4	2
	12	14			2			13						16	
13		11			4	6				1	14		8		12
	9	8	2						4	3			10		

www.ingramcontent.com/pod-product-compliance
Lightning Source LLC
Chambersburg PA
CBHW050252220526
45465CB00002B/652